AF349835

DES
QUESTIONS AGRICOLES

SOUMISES

A LA LÉGISLATURE DE 1845

—

BESTIAUX, VINS, LAINES

—

PAR

Le Baron DE TOCQUEVILLE

PRÉSIDENT DE LA SOCIÉTÉ D'AGRICULTURE DE COMPIÈGNE

—

Extrait du Journal d'Agriculture pratique

NUMÉRO DE SEPTEMBRE 1845.

—

PARIS

A LA LIBRAIRIE AGRICOLE DE LA MAISON RUSTIQUE

QUAI MALAQUAIS, Nº 19.

1844

QUESTIONS AGRICOLES

A LA LÉGISLATURE DE 1845

BESTIAUX, VINS, LAINES

De l'agriculture française considérée au point de vue économique et commercial.

Il est en agriculture une question à laquelle tout se rattache de près ou de loin et qui, en raison des singularités qu'elle présente, est sans analogie dans les autres industries.

Cette question est celle des bestiaux.

Elle offre cette particularité que le producteur et le consommateur se plaignent l'un de l'autre et s'accusent mutuellement. Le dernier reproche au premier de ne pouvoir satisfaire aux besoins de la consommation, et le producteur, de son côté, affirme qu'il y satisfait et au-delà, puisque ses produits sont repoussés, faute d'acheteurs, des principaux marchés ; ou, en d'autres termes, que ses offres dépassent la demande.

Mais il est dans cette question une autre circonstance économique que l'on chercherait vainement ailleurs ; c'est que le producteur est plus intéressé à la production, pour *elle-même*, que le consommateur ; qu'il ne produit pas seulement en vue de la vente, comme le producteur industriel, mais qu'il est encore excité à la production par son intérêt propre, puisque ses étables et ses écuries sont les ateliers à *engrais*, où se renouvelle sans cesse le puissant moteur de son industrie ; moteur qui s'use et se consomme sans relâche, après avoir mis la terre en travail, et l'avoir forcée de livrer à l'homme le pain qui le nourrit, les tissus qui le couvrent, et les innombrables produits sur lesquels s'exerce son génie.

Si le producteur a plus d'intérêt à la production que le consommateur lui-même, l'accusation de ce dernier se trouve ruinée.

Mais quelle cause peut alors limiter la production ? le haut prix de la viande, s'écrie t-on, qui en restreint la consommation.

Ce qu'on appelle le haut prix de la viande peut-il être imputé à l'agriculture française ?

La consommation de la viande est-elle en effet en rapport absolu avec le prix de vente ?

Telles sont les deux questions auxquelles nous allons essayer de répondre :

Il s'agit d'abord de savoir si c'est la viande qui est trop chère, ou si c'est le consommateur qui est trop pauvre pour l'acheter. Là est toute la question.

Le prix de la viande est en France non ce que le fait l'agriculteur, mais ce que le fait l'impôt, ce que le font les charges de toute nature qui pèsent sur le sol. Ce prix est chez toutes les nations du monde soumis à ces charges, et cela est naturel ; là où elles sont pesantes, la viande est chère, là où elles sont nulles ou presque nulles, elle est à bas prix ; s'élèvent-elles graduellement, on voit s'élever proportionnellement le prix des bestiaux.

Ajoutons toutefois que les gros impôts, quand ils sont bien répartis, ne sont point un symptôme de misère, mais au contraire un signe de richesse. Les peuples modernes les plus puissants sont ceux qui supportent les plus lourdes charges imposées par leur volonté libre, et le prix de la viande chez tous ceux dont la prospérité se développe, se rapproche de plus en plus de ce qu'il est en France ; mais il est évident que celle-ci ne peut supporter, sous ce rapport, la concurrence des pays où l'impôt existe à peine.

L'agriculture française n'est donc pas responsable du haut prix de la viande qui lui est plus préjudiciable encore qu'au consommateur.

Mais pourrait-elle en produire davantage ? nous répondrons que sa production possible est en quelque sorte illimitée, mais que la première condition pour produire est de trouver l'écoulement des produits.

Là est la difficulté fondamentale.

Assurément nous pouvons, comme on nous

le conseille, produire à l'aide des Durham, des New-Kent, des Dishley, et certainement même sans eux, au besoin, infiniment plus de viande qu'aujourd'hui, mais nous sommes arrêtés par cette simple question : que ferons-nous de cette viande?

Il est sans doute bien des économistes qui y répondraient sans hésitation à l'aide des théories de la science : la question est mal posée par vous, diraient-ils. Commencez par baisser vos prix, et vous vendrez votre viande, car tout abaissement équivaut à un accroissement de consommation correspondant.

Les documents suivants prouveront, nous le pensons, que cette proposition n'est point rigoureusement exacte; on verra qu'ils corroborent au contraire celle de M. Élysée Lefèvre qui, malgré son apparente rudesse, est d'une incontestable vérité; après avoir dans une de ses dernières *Chroniques* présenté le chiffre remarquable des bestiaux mis en vente par l'agriculture sur les marchés de la capitale en 1842 et refusés par la boucherie, il ajoutait : « Si l'on mange peu de viande à Paris, c'est « que le Parisien n'est pas mangeur de viande; « à Londres on en mange beaucoup et cependant elle coûte une fois plus qu'à Paris. » Eh bien! la différence qui existe, sous ce rapport, entre Londres et Paris se fait remarquer dans d'autres proportions entre chacune des grandes divisions de la France, entre certains départements et certains autres, entre une ville et une autre ville.

Il reste à savoir pourquoi là on est mangeur de viande et pourquoi on ne l'est pas ici.

Cela ne tient pas seulement à la différence de prix, nous allons le prouver; il faut donc en chercher la cause ailleurs.

Loin que la consommation de la viande soit en raison de son prix, il arrive souvent, comme on va le voir, que celle-ci est à la fois chère et recherchée, ou à bas prix et délaissée.

Nous avons puisé nos chiffres dans la *Statistique de la France, agriculture*, publiée par le gouvernement à la fin de 1842.

Dans le nord-oriental de la France, le prix de la viande est de :

		Consommation de ces deux viandes par habitant.
Bœuf.	80 c.	7k,55
Vache.	70	

Dans le nord-occidental :

Bœuf.	85	9,95
Vache.	70	

Dans le midi-oriental :

Bœuf.	75	4,95
Vache.	60	

Dans le midi-occidental :

Bœuf.	75	5,65
Vache.	60	

Si l'on considère la consommation totale en toute espèce de viande par habitant, on arrivera aux mêmes résultats, et l'on rencontrera un grand nombre de départements ou la consommation et les prix sont faibles, d'autres où ils sont élevés l'un et l'autre, faits qui semblent se repousser.

DÉPARTEMENTS

OU LA CONSOMMATION ET LES PRIX SONT MODÉRÉS.

DÉPARTEMENTS.	Consommation totale par habitant.	PRIX MOYEN de la viande de bœuf et de vache, par kilogramme.		DROITS d'octroi.	
	kil.		fr. c.	fr.	c.
Charente......	15,00	Bœuf.....	» 65	15	71
		Vache. ...	» 55	»	»
Mayenne......	11,88	Bœuf.....	» 65	12	96
		Vache. ...	» 55	8	58
Cher........	10,78	Bœuf.....	» 75	13	51
		Vache. ...	» 65	7	79
Nièvre.	10,89	Bœuf.....	» 70	9	»
		Vache. ...	» 60	8	77
Corrèze.......	12,98	Bœuf.....	» 65	9	16
		Vache. ...	» 50	7	50
Gers.........	9,75	Bœuf.....	» 60	22	56
		Vache. ...	» 45	15	79
Hautes-Pyrénées	11,27	Bœuf.....	» 65	12	02
		Vache. ...	» 50	6	78

Nous avons choisi à dessein, en formant ces tableaux, des départements qui ne renferment pas de très grands centres de population.

On pourrait penser que ces différences dans les prix de la viande tiennent en partie aux inégalités des droits d'octroi qui, toutes choses égales d'ailleurs, doivent évidemment exercer une grande influence sur les cours; mais on s'assurera, par le tableau que nous donnons en note, qu'il n'en est rien ici, et que ces inégalités sont dominées par une cause plus puissante qu'elles.

DÉPARTEMENTS

OU LA CONSOMMATION ET LES PRIX SONT ÉLEVÉS.

DÉPARTEMENTS.	Consommation totale par habitant.	PRIX MOYEN de la viande de bœuf et de vache, par kilogramme.		DROITS d'octroi.	
	kil.		fr. c.	fr.	c.
Rhône........	35,15	Bœuf.....	» 80	19	70
		Vache....	» 70	5	»
Seine-et-Oise..	35,91	Bœuf.....	» 95	11	31
		Vache....	» 70	5	»
Moselle.......	27,46	Bœuf.....	» 80	13	94
		Vache....	» 75	10	83
Gironde......	29,62	Bœuf.....	» 90	24	38
		Vache....	» 65	18	»
Marne.......	31,20	Bœuf.....	» 80	10	53
		Vache....	» 70	8	24
Eure........	22,63	Bœuf.....	1 05	5	70
		Vache....	» 95	5	77
Oise........	22,77	Bœuf.....	» 95	10	55
		Vache....	» 70	6	78

Ainsi la consommation totale par habitant, en toute espèce de viande, est :

	kilogr.		Prix.
Dans le Cher . . .	10,78	Bœuf. . . .	» f. 75 c.
		Vache. . .	» 65
Dans la Nièvre. . .	10,89	Bœuf. . . .	» 70
		Vache. . .	» 60
Dans la Mayenne.	11,88	Bœuf. . . .	» 65
		Vache. . .	» 55

tandis que la consommation est :

	kilogr.		Prix.
Dans la Marne . . .	31,20	Bœuf. . .	» 80
		Vache. . .	» 70
Dans l'Oise.	22,77	Bœuf. . . .	» 95
		Vache. . .	» 70
Dans l'Eure	22,63	Bœuf. . . .	1 05
		Vache. . .	» 95

Si, au lieu de rechercher la consommation totale par habitant en toute espèce de viande, on considère, en particulier, la consommation de bœufs et de vaches, on trouvera des départements où les prix sont de 65 c. et 60 c. le kilogramme, pour les premiers ; de 50 c. et 45 c., pour les seconds, et où cependant la consommation descend à $1^k,71$, $1^k,61$ et $0^k,66$ par habitant.

DÉPARTEMENTS

OU LA CONSOMMATION EST TRÈS FAIBLE, QUOIQUE LA VIANDE DE BOUCHERIE Y SOIT A BAS PRIX.

DEPARTEMENTS.	Prix de la viande de bœuf et de vache.		Consommation de bœufs et vaches par habitant.
		fr. c.	kil.
Vendée.	Bœuf.	» 70	2,04
	Vache. . . .	» 60	
Landes.	Bœuf.	» 70	1,91
	Vache. . . .	» 50	
Deux-Sèvres. . . .	Bœuf.	» 70	2,95
	Vache. . . .	» 65	
Lot-et-Garonne.	Bœuf.	» 65	1,97
	Vache. . . .	» 50	
Lot.	Bœuf.	» 65	1,71
	Vache. . . .	» 55	
Gers.	Bœuf.	» 60	1,88
	Vache. . . .	» 45	
Lozère.	Bœuf.	» 65	1,61
	Vache. . . .	» 50	
Aveyron.	Bœuf.	» 60	0,66
	Vache. . . .	» 50	

Il semblerait, au premier abord, que ce fait tient à la pénurie de bestiaux ; mais si cela était, la consommation devrait être plus forte dans les principaux centres de production du bétail que partout ailleurs, et cependant il n'en est rien. Cette consommation, dans plusieurs de nos départements producteurs, descend jusqu'à $2^k,88$, $2^k,04$ et $1^k,88$ par habitant, tandis que, dans d'autres départements non producteurs, elle s'élève à $13^k,22$, $14^k,29$, $16^k,26$.

DÉPARTEMENTS				
PRODUCTEURS.			NON PRODUCTEURS.	
NOMS des départements.	Production annuelle.	Consommation de bœufs et vaches par habitant.	NOMS des départements.	Consommation de bœufs et vaches par habitant.
	Bœufs.	kil.		kil.
Jura.	45,000	6,92	Bas-Rhin.	15,22
Nièvre.	40,000	4,77	Haut-Rhin. . . .	10,25
Ain.	56,000	4,51	Marne.	10,25
Manche.	58,000	5,55	Seine-Infér. . .	14,29
Loire-Inférieure	80,000	5,45	Eure.	11,61
Maine-et-Loire.	66,000	4,56	Seine-et-Oise. .	16,26
Vendée.	69,000	2,04	Loiret.	9,04
Deux-Sèvres. . .	47,000	2,95		
Dordogne.	65,000	2,97		
Gers.	40,000	1,88		

Le département du Bas-Rhin, un de ceux qui se sont le plus plaint du haut prix de la viande, est un de ceux où la consommation totale par habitant est la plus forte, quoiqu'il ne soit pas celui où les prix sont le plus bas. Elle est de $27^k,69$, quoique la viande de bœuf s'y paie 85 c., celle de vache 70 c., et que les droits d'octroi y dépassent la moyenne de la France [1]. Cette consommation n'est, dans le département du Nord, un des plus riches de la France, que de $17^k,60$ [2].

Les départements du Haut-Rhin et du Bas-Rhin, offrant une très forte consommation en viande, sont en même temps ceux (et cela est très rationnel) où il se consomme le moins de froment et de légumes secs [3], d'où on doit conclure que la France pourrait produire plus de bestiaux sans s'inquiéter de la diminution qui s'ensuivrait peut-être dans la production des céréales et farineux, puisque la consommation de ces denrées s'affaiblirait tout naturellement.

(1) *Droits d'octroi dans le département du Bas-Rhin.*

Bœufs.	15 f. 15 c.
Vaches.	9 78

Moyenne des droits d'octroi dans les 86 départements.

Bœufs.	14 f. 55 c.
Vaches.	7 61

(2) Si l'on ne considère que la consommation en bœufs et vaches, on trouve qu'elle est :

Dans le département du Nord, de. . .	9 kilogr.
Dans le Pas-de-Calais, de.	5
Dans le Bas-Rhin, de.	15

(3) *Consommation par habitant.*

	Froment. hect.	Légumes secs. hect.	Viande. kil.
Nord.	2,58	0,20	17,60
Pas-de-Calais. . .	2,51	0,65	18,55
Bas-Rhin.	1,70	0,06	27,69
Haut-Rhin.	1,11	0,02	24,64

On comprendrait, jusqu'à un certain point, que les départements du nord-est de la France, par leur voisinage des pays de production d'Allemagne et l'introduction facile, et sans frais de transport des bestiaux étrangers, consommassent plus de viande; mais comment expliquera-t-on que la viande y soit à plus haut prix que dans les départements du sud-est qui consomment si peu de viande et sont si éloignés des pays qui pourraient leur en fournir? Comment, disons-nous, expliquer cette anomalie, si ce n'est par les différences sociales et économiques de la condition des habitants qui, dans le nord, sont plus riches, plus actifs, plus adonnés à l'industrie, chez lesquels la culture est plus avancée, et qui ont contracté, par toutes ces raisons, l'habitude de consommer de la viande?

Il ne faut pas croire, au surplus, que la France soit le seul pays où se rencontrent, dans les mêmes lieux, les trois faits suivants qui, d'après les principes de l'économie politique, devraient s'exclure : abondance, bas prix des produits, faible consommation de ces produits. La même particularité se retrouve chez nos voisins d'outre-Rhin.

« Chose remarquable, dit M. Moll, la Bavière qui produit tant de bestiaux est le pays de l'Allemagne où le paysan mange le moins de viande! »

Ainsi, la consommation en viande d'un peuple ne dépend nullement de la quantité que produit ou que peut produire son agriculture, et elle dépend d'une manière très secondaire du prix de cette viande; mais elle tient à des causes bien plus politiques, législatives et économiques qu'agricoles. En première ligne, à l'aisance générale, à la bonne assiette des impôts et à la modération des charges qui pèsent sur le producteur, à l'instruction des populations rurales, enfin à l'intelligence éclairée et à l'active protection des intérêts agricoles de la part des gouvernements.

Au nombre des obstacles qui retardent parmi nous la rapide extension de la consommation de la viande, nous croyons pouvoir encore en indiquer deux, l'un d'une nature particulière, l'autre d'un ordre plus général.

Le premier est dans la prodigieuse extension donnée à la culture de la pomme de terre qui fournit aux ménages pauvres ou économes un aliment sain et substantiel à très bas prix, ce qui les éloigne de plus en plus de l'usage de la viande et contrebalance les causes qui d'ailleurs pourraient les y conduire.

La production des pommes de terre, dont une portion considérable est, il est vrai, consommée par les animaux domestiques, ou transformée en fécules, sirops, etc., dépasse aujourd'hui celle du blé de 25 millions d'hectolitres [1].

La cause plus générale est dans les habitudes prises, habitudes qui, dans les masses, ne se rompent pas en un jour. En France, la viande de boucherie est encore considérée comme un objet de luxe et n'est pas encore regardée comme indispensable à la vie ou même à la santé; elle nécessite une préparation particulière et s'emporte moins aisément au travail que le pain dont s'approvisionne l'habitant de nos campagnes; et, quant au ménage industriel, laborieux et honnête, chargé d'une nombreuse famille, s'il préfère, dans l'intérêt de l'avenir, confier à l'épargne ses modiques profits plutôt que de les consommer journellement en se procurant de la viande, tous les conseils des économistes et des philanthropes échoueront contre le facile calcul de ses faibles ressources, comparées au nombre d'enfants qu'il a à nourrir.

On ne peut pas plus forcer les Français par les exhortations à manger de la viande que les Irlandais à manger du pain. Est-ce que par hasard le pain est cher ou rare en Irlande? Assurément non; mais le peuple est trop misérable pour en manger. S'il est réduit à se nourrir des plus chétives pommes de terre, c'est que tous ses produits, c'est que tout son or sont transportés chez la nation qui l'opprime. Que l'état social se perfectionne en Irlande, que les propriétés s'y divisent, que le sort des masses s'y améliore, et elles mangeront du pain. Toutefois serait-ce encore une illusion de croire qu'elles en mangeront immédiatement; il y aura bien d'autres besoins plus pressants pour elles à satisfaire : il faudra d'abord vêtir ses membres demi-nus, relever son toit prêt à tomber, agrandir son humble héritage, amasser un faible pécule pour les jours mauvais, avant de faire usage d'un aliment qu'on est habitué à considérer comme le mets exclusif du riche et presque comme une superfluité. Aujourd'hui la toute-puissance même d'O'Connel y échouerait.

Eh bien! ce qui se passerait alors en Irlande pour le pain a lieu précisément en France pour la viande, quoique assurément dans un tout autre ordre de faits. La France est aujourd'hui dans cette phase où les institutions, en s'améliorant et en favorisant le libre développement de la prospérité générale, permettent à la classe la plus nombreuse de rendre sa nourriture plus substantielle; déjà certainement il s'y consomme beaucoup plus de viande qu'il y a trente ans, surtout dans les campagnes, et il est à

---

(1) *Prix de la viande de bœufs et de vaches dans le nord-est de la France.*

Ils varient { pour le bœuf, entre. 70 c. et 90 c. le kil.
{ pour la vache, entre. 60 et 80

Prix de la viande de bœufs et de vaches dans le sud-est de la France.

Ils varient { pour le bœuf, entre. 60 c et 90 c. le kil.
{ pour la vache, entre. 50 et 80

---

(1) D'après les derniers renseignements, la production est :

Froment. . . . . 69,000,000 hectol.
Pommes de terre. . . 96,000,000

regretter que le gouvernement ne possède pas de documents officiels à cet égard. Toutefois, cette consommation y est encore entravée par les habitudes prises et par la nécessité de s'y restreindre.

L'agriculture est complétement innocente de ce fait, et, encore une fois, elle ne peut produire qu'à la condition qu'on consommera ses produits.

Ainsi donc le prix de la viande est loin de pouvoir servir d'échelle à l'importance et à la facilité de son écoulement. Est-ce à dire qu'on ne doive pas s'efforcer de la produire à meilleur marché? à Dieu ne plaise! Il s'agit de savoir si c'est de la part des agriculteurs que vient l'opposition à cet égard.

Il est certain, au contraire, que ce sont eux qui se préoccupent le plus de cette nécessité, que ce sont eux et eux seuls, qui indiquent tous les jours au gouvernement les moyens d'y satisfaire.

La multiplication du bétail est l'objet constant nous pourrions presque dire exclusif, de leurs méditations. Ils réclament instamment dans ce but avec un accord unanime un ensemble complet de mesures en tête desquelles se présente aujourd'hui l'établissement à l'octroi de nos principales villes du droit au poids pour les bestiaux, réforme suivie, ils l'espèrent, comme corollaires de l'abaissement graduel du droit lui-même [1], et de la suppression des abus du commerce de la boucherie; enfin partout où il existe des droits d'abattoirs, de l'abolition de ces droits qui sont une aggravation détournée de ceux d'octroi.

L'établissement du droit au poids à l'entrée des villes de grande consommation, si l'on voulait enfin loyalement l'essayer pour lui-même, suffirait, les agriculteurs n'en doutent pas, pour augmenter aussitôt dans une notable proportion au sein de ces cités, la consommation de la viande. Cette innovation ne rencontrerait dans la pratique aucune sérieuse difficulté [2]; celles qui s'attachaient, disait-on, au pesage des animaux en vie sont, on le sait, complétement levées aujourd'hui par les expériences qui ont

été faites récemment à l'abattoir de Popincourt par les ordres de l'administration municipale de Paris. Là, on a pesé, à la fois, à l'aide de balances de la nature de celles des ponts à bascules, 25 bœufs vivants du poids brut moyen de 600 kilog. ensemble de 15,000 kilog. puis un lot de 140 moutons du poids brut de 49ᵏ,90 kilog. ensemble de 6,985 kilog.

Il n'y a nulle difficulté pour les bœufs; ils peuvent être facilement pesés en vie à l'abattoir avant de passer à l'échaudoir. Et quant aux moutons, les objections qu'on a faites sont plus apparentes que réelles; ils ont été pesés à Popincourt avec *leur laine, toute chargée de pluie et de boue*, circonstance dont on s'est si fort préoccupé. En ce qui regarde la laine, comme la tonte de tous les animaux a lieu à peu près à la même époque, il serait facile d'établir une échelle proportionnelle pour la réduction approximative du poids de la toison à diverses époques de l'année. Cette estimation se fait déjà à la douane dans un autre but, « lorsque les laines des moutons, béliers, brebis et agneaux, dit la loi du 17 mai 1826, se trouve avoir plus de quatre mois de croissance, on perçoit indépendamment des droits afférents aux animaux le droit de la laine selon son espèce » : il est à croire que si un douanier peut faire cette estimation, les éleveurs et les bouchers la feront plus facilement encore. A l'égard de la boue et de la pluie dont se chargent les toisons, il s'établira promptement et facilement de gré à gré entre le producteur et la boucherie, une évaluation moyenne de l'excédant du poids qui en résulte; en tout cas on peut se convaincre par les chiffres suivants de son peu d'importance quant au droit.

Le poids moyen des animaux qui entrent annuellement dans Paris est brut de 44 kilogr. et net de 22 kilog. de viande.

Le droit par tête est :

	fr.	c.
Octroi, décime compris.........	1	65
Abattoir....................	»	50
Poissy....................	»	70
	2	85

Ainsi, le droit actuel, par tête, équivaut pour le brut 44 kil. à 2 fr. 85 c., soit 6 1/2 centimes par kilogramme, et pour le net 22 kil. à 2 fr. 85 c., soit 13 c. par kil.

Si comme on l'a proposé, on établissait le droit au poids à 0 fr. 05 c. par kil. brut, et à 0,10 c. par kil. de viande nette, la boue et l'eau dont la laine peut être chargée, en supposant leur poids en moyenne d'un kilog., ce qui dans la plupart des cas serait exagéré, ne produiraient qu'un excédant de droit de 0,05 c. répartis sur la totalité de l'animal, c'est-à-dire tout-à-fait insignifiant. Mais ce qui serait important, ce serait l'influence de cette mesure sur l'agriculture et sur la consommation.

Le mouton de l'Oise, par exemple, qui, d'après les déclarations officielles de l'octroi de

---

(1) *Élévation successive des charges qui pèsent sur les bœufs à leur entrée dans Paris.*

		fr.	c.		
1811.	Droit d'octroi par tête...........			18	»
1815.	Droit d'octroi............... 21 » Décime............... 2 10			23	10
1817.	Droit d'octroi, décime compris.....			26	40
1818.	Droit d'octroi par tête..... 26 40 — d'abattoir......... 6 »			32	40
1819.	Droit d'octroi par tête..... 32 40 — sur les suifs......... 1 50 Caisse de Poissy......... 10 »			43	90
1830.	Droit d'octroi par tête..... 43 90 Cuisson et trippée........ » 60			44	50

Quant aux droits sur les moutons, ils ont été sextuplés en 30 ans; de 0ᵏ,50 qu'ils étaient en 1798, ils ont été portés en 1830 à 3 fr. par tête.

(2) Voir le rapport de M. Dilhan à la Chambre des députés sur la pétition de M. Romanet (*Moniteur* du 30 avril 1843).

Paris, pèse en vie 35 kilog. (le mouton gras conduit sur les marchés de Sceaux et de Poissy), ne paierait, à 0,05 par kilog. que 1 f. 75 c. au lieu de 2 f. 85 c. qu'il paie aujourd'hui , différence 1 fr. 10 c. soit 38 p. 100 de moins. Aujourd'hui le bœuf de 600 kilogr. et celui de 200 kilogr. paient autant l'un que l'autre ; avec le droit au poids, le premier à 5 c. par kilogr. rendrait un droit de 30 fr., le second un droit de 10 fr.

Et les recettes de la ville n'en souffriraient pas, car les gros moutons continueraient à payer le prix actuel, quelquefois même au-delà, et la concurrence résultant de l'entrée des petits animaux amènerait une baisse en faveur du consommateur et augmenterait ainsi la consommation ; ce serait alors que le principe économique, contesté plus haut, s'appliquant à une population riche, industrieuse, et déjà habituée à consommer de la viande, deviendrait vrai dans l'application.

Quant aux veaux, nous pensons avec M. Puvis, que le droit devrait continuer à se percevoir *par tête*, afin de favoriser l'accroissement de ces animaux dans l'intérêt de l'alimentation et de la santé publique.

Assurément l'essai de l'importante réforme dont nous venons de parler, en présence des résultats certains qu'on est en droit d'en attendre, vaudrait la peine, nous le répétons, d'être fait consciencieusement pour lui-même[1]. Par quelle fatalité vient-on toujours le compliquer de questions d'un ordre tout différent? C'est que malheureusement en France, le gouvernement ne voit pas seulement l'agriculture dans l'agriculture ; les idées commerciales dominent de beaucoup dans son esprit les idées agricoles. Les hommes placés à sa tête sont plus versés dans les questions industrielles et manufacturières que dans celles qui se rattachent à la production du sol ; ce sont les premiers de ces intérêts qui paraissent avoir leurs sympathies, et il semble que toute mesure prise en faveur de l'agriculture soit une concession en échange de laquelle il soit convenable de stipuler des avantages en faveur de la manufacture.

C'est ainsi que l'établissement du droit au poids sur les bestiaux à l'entrée des villes, s'est toujours lié invariablement dans leur esprit à l'établissement du droit au poids à la frontière, et pourtant cette dernière mesure, personne ne devrait plus l'ignorer aujourd'hui, serait aussi préjudiciable à l'agriculture que l'autre peut lui être utile et précisément par les mêmes raisons.

La première ferait entrer les bestiaux français dans nos villes, la seconde ferait entrer les bestiaux étrangers sur notre sol ; la première favoriserait à la fois le producteur et le consommateur français, la seconde, on l'a mille fois prouvé, serait nulle pour le consommateur français et ne favoriserait que le producteur étranger. Cependant si ce n'est ni le producteur ni le consommateur qu'on prétend servir, qui est-ce donc? La réponse est facile, c'est *l'intérêt manufacturier*. On veut acheter les bestiaux de nos voisins par les mêmes motifs qui font acheter déjà leurs laines, leurs huiles, leurs chevaux, leurs graines oléagineuses; par les motifs que ne manquent pas de trouver nos économistes pour conseiller au gouvernement de leur acheter tous leurs autres produits agricoles, selon ce principe de la science, que les produits s'achètent avec des produits ; principe incontestable , mais qui dans la bouche des fabricants qui font nos lois veut dire échanger nos produits ouvrés contre les produits agricoles de nos voisins. C'est là la pensée qui ressort nettement et sans déguisement des écrits économiques le plus en crédit et qu'un écrivain[2], qui témoigne plus de sympathies pour l'agriculture que nos économistes de profession, formulait récemment ainsi : « Les pro- « ductions du sol, toutes les matières brutes, « doivent entrer exemptes de droits, ou à peu « près, chez toute nation industrielle. »

Sans contredit les agriculteurs sont loin de méconnaître l'importance de nos échanges au dehors ; ils savent fort bien que la prospérité industrielle et commerciale est une des principales sources de la richesse publique, et qu'elle réagit utilement sur l'agriculture elle-même en favorisant l'écoulement de ses produits et le développement de leur consommation ; mais ils ne peuvent pousser l'admiration pour les théories et l'abnégation de leurs propres intérêts jusqu'à se féliciter de voir notre gouvernement entrer dans une voie qui, suivie logiquement dans ses plus strictes conséquences, c'est-à-dire jusqu'à l'entrée en franchise de tous les produits agricoles étrangers, amènerait leur ruine complète et celle du pays. S'il existait dans le monde, côte à côte, une nation exclusivement agricole et une nation exclusivement manufacturière, rien ne serait plus facile et plus simple que les relations commerciales à établir entre elles ; mais au lieu de cela, que ces deux nations soient à la fois l'une et l'autre agricoles et manufacturières, elles feront ce que fait l'Angleterre, ce que fera toute nation ayant l'intelligence de ses vrais intérêts; elles échangeront librement leurs produits agricoles et manufacturiers contre des produits agricoles et manufacturiers *non similaires*, mais elles protégeront en même temps (avec une sage modération sans doute, de manière à stimuler le progrès par l'excitation de la concurrence), mais enfin elles protégeront sur le pied d'égalité et les produits agricoles et les produits manufacturiers que leurs voisins peuvent livrer à meilleur marché qu'elles. Que si, en protégeant l'ensemble de leurs produits, elles ralentissent l'écoulement particulier de quel-

---

[1] Le conseil municipal de Paris vient de prendre une importante délibération à cet égard ; mais sera-t-elle approuvée par le gouvernement?

[2] M. Jacquemin, *L'Allemagne agricole, industrielle et politique*, 1845, p. 66.

ques-uns, c'est au-delà des mers qu'elles lui chercheront des débouchés, de manière à étendre à la fois leur marine, leur commerce de long cours, et leur production intérieure.

Quand on nous excite à recevoir les produits agricoles de nos voisins, quels sont ceux qu'il s'agit de leur livrer en échange? ce sont toujours nos objets de mode, nouveautés et articles de Paris, dont nous ne contesterons pas l'importance, mais qui nous semblent déjà bien richement partagés, si nous étudions le mouvement de notre commerce général. Parlera-t-on de nos vins? Personne assurément n'est plus ému que nous de la détresse de cette précieuse et riche branche de notre agriculture et ne désire plus ardemment de voir mettre un terme aux souffrances beaucoup trop prolongées de nos viticoles; mais ceux-ci reconnaissent eux-mêmes que ce n'est plus chez nos voisins immédiats qu'ils peuvent espérer de s'ouvrir désormais des marchés vraiment importants, parce que ceux-ci, presque sans exception, sont aujourd'hui producteurs de vins, et que, là même où il se produit du vin abondamment, la bière tend de plus en plus à remplacer le vin dans les habitudes des populations.

Ce produit est donc dans la classe de ceux dont nous parlions tout à l'heure. Le gouvernement n'a que deux moyens de favoriser son écoulement : 1° en facilitant l'extension de la consommation intérieure (espérons qu'il s'occupe sérieusement d'atteindre cet important résultat); 2° en lui ouvrant de nouveaux marchés au sein des continents éloignés, dans les vastes empires de l'Amérique du Sud, par exemple.

Ajoutons que nos viticoles feraient fausse route si, se plaçant exclusivement au point de vue de leurs intérêts particuliers, ils se sépareraient de la grande famille agricole et se montraient disposés à sacrifier à leur profit exclusif toutes les autres branches de notre industrie.

Le vin, il est vrai, est de tous les produits de notre sol celui peut-être qui par sa nature semble le plus particulièrement destiné à trouver un écoulement au dehors; mais c'est aussi le produit qui, tout considéré, a encore le moins à se plaindre sous ce rapport. On verra tout à l'heure que l'importation de tous nos produits agricoles, si on fait déduction des vins, est stationnaire, tandis que l'exportation de nos vins, au contraire, offrait en 1841 un accroissement en hectolitres de 13 pour 100 sur l'année 1836, et de 51 pour 100 sur l'année 1818, la première du tableau [1].

Quand on relève parmi les articles innombrables qui alimentent notre commerce général ceux qui ont été créés directement par l'agriculture, on est singulièrement frappé des résultats auxquels on est conduit et de la tendance évidente et fatale dans laquelle sont entrés le gouvernement et la législature.

(1)   *Exportation de nos vins.*

1818. . . . . . .   974,000 hectolitres.
1836.   1,305,000
1841.   1,478,000
(*Documents officiels*, 1843.)

MOUVEMENT COMMERCIAL DES PRODUITS AGRICOLES.

	IMPORTATIONS.		EXPORTATIONS.	
	1836.	1841.	1836.	1841.
	fr.	fr.	fr.	fr.
Animaux vivants [1].	15,554,752	22,647,205	10,873,131	11,637,982
Produits et dépouilles d'animaux [2].	149,909,591	231,152,695	66,792,635	71,883,049
Os, cornes et sabots de bétail (matières dures à tailler)	1,170,599	1,287,149	151,912	64,459
Farineux alimentaires.	58,413,000	32,895,065	29,768,522	35,782,653
Fruits, graines oléagineuses, etc.	29,835,571	62,170,254	8,946,358	11,921,215
Denrées coloniales.	105,281,725	151,760,102	30,714,983	23,903,969
Sucs végétaux, huiles, etc.	34,287,916	32,858,984	16,733,596	18,550,820
Espèces médicinales.	5,050,264	2,996,827	1,748,466	2,185,880
Bois communs.	54,571,575	41,306,086	6,441,453	6,932,999
Bois exotiques.	5,643,149	8,571,842	1,319,809	1,594,135
Tiges et filaments, lin, chanvre, etc.	109,298,425	158,921,945	22,762,595	25,911,497
Teintures, écorces, racines.	4,748,989	5,935,293	16,648,893	14,928,381
Produits divers, légumes, fourrages, etc.	2,156,694	2,277,190	4,231,414	5,728,787
Boissons.	1,684,064	2,440,749	72,353,104	75,974,559
TOTAUX.	551,386,092	714,599,560	289,466,421	305,090,385

(1) On a déduit de cet article tout ce qui ne se rapporte pas à l'agriculture, comme chiens, gibier, etc.
(2) On a déduit également tout ce qui ne se rapporte pas à l'agriculture, comme peaux de phoques, de lièvres, colle de poisson, etc.

Il résulte du tableau suivant que, tandis qu'en *cinq ans*, de 1836 à 1841, notre commerce général s'accroît, à l'importation, de... 12 p. 100 et à l'exportation, de. . . . . 10 p. 100 notre commerce agricole présente une augmentation, à l'importation , de. . . . . 34 p. 100

et à l'exportation, seulement de. . . . . 5 p. 100
D'où il ressort, pour les produits fabriqués et autres, une diminution, à l'importation, de 14 p. 100 et au contraire, un accroissement, à l'exportation, de. . . . . 15 p. 100

MOUVEMENT PENDANT CINQ ANS DU COMMERCE DES PRODUITS AGRICOLES ET FABRIQUÉS.

	IMPORTATIONS.		EXPORTATIONS.	
	1836.	1841.	1836.	1841.
	fr.	fr.	fr.	fr.
Commerce général..........................	995,575,359	1,121,424,216	961,284,756	1,068,357,603
Produits agricoles..........................	531,386,092	714,599,360	289,466,421	305,090,385
Produits fabriqués et autres...............	464,189,267	406,824,856	671,818,335	760,267,218

	ANNÉES.	IMPORTATIONS	EXPORTATIONS.
		fr.	fr.
Commerce général...........................	1836	995,575,359	961,284,756
	1841	1,121,424,216	1,068,357,603
Augmentation en cinq ans...................		125,848,857 soit 12 p. 100	104,072,847 soit 10 p. 100
Produits agricoles..........................	1836	531,386,092	289,466,421
	1841	714,599,360	305,090,385
Augmentation en cinq ans..................		183,213,268 soit 34 p. 100	15,623,964 soit 5 p. 100
Produits fabriqués et autres.................	1836	464,189,267	671,818,335
	1841	406,824,856	760,267,218
Diminution en cinq ans......................		57,364,411 soit 14 p. 100	
Augmentation en cinq ans...................			88,448,883 soit 13 p. 100

On voit que nos articles de fabrication tendent de plus en plus à sortir de France, tandis que les produits agricoles de nos voisins tendent de plus en plus à s'y introduire, ou, en d'autres termes, que l'intérêt agricole est sacrifié chez nous à l'intérêt manufacturier, conséquence logique et inévitable des principes économiques qui dominent dans les conseils du gouvernement.

Il en sera toujours ainsi tant que ces deux grands intérêts ne seront pas envisagés l'un et l'autre, dans l'ensemble de notre mouvement général, d'un point de vue particulier. Demandez à nos manufacturiers comment ils entendent le commerce extérieur, en ce qui concerne les objets de fabrication, ils vous répondront : par l'échange de nos produits fabriqués contre des produits étrangers d'une autre nature, et ils auront raison : pourquoi donc veulent-ils que nous l'entendions autrement pour nos produits agricoles?

Feuilletez la *Nomenclature des droits et des prohibitions d'entrée et de sortie*, vous verrez que les manufacturiers ont si bien compris ce principe qu'ils l'ont exagéré, et que c'est à leur profit que *toutes les prohibitions* sont établies à la frontière. *Toutes* frappent des produits fabriqués étrangers pour protéger des produits fabriqués français [1].

(1) Nomenclature des droits et prohibitions d'entrée et de sortie, publiée par l'administration des douanes, **1841.**

Nous disons que c'est là une exagération du principe; certes, nous autres agriculteurs ne sommes point aussi exclusifs; nous n'avons jamais réclamé pour nous de prohibitions : il n'en existe pas *une seule* en notre faveur, et, d'accord sur ce point avec l'école économiste, nous pensons que ce mot devrait être effacé de nos codes. Nous ne réclamons qu'une protection modérée, mais réelle, contre l'envahissement des produits étrangers semblables aux nôtres.

Nous demandons que nos transactions commerciales ne soient pas toutes à l'avantage de l'intérêt manufacturier, toutes au préjudice de l'intérêt agricole. Nous demandons, par exemple, qu'un produit français aussi important que la laine ne soit pas écrasé par une importation dont l'accroissement s'est élevé de 300 p. 100 en vingt et un ans et de 53 p. 100 en une seule année, 1841 [1].

Sans doute, en présence de tels résultats, et surtout des sollicitations intéressées qu'on ne cesse d'adresser au gouvernement, et des efforts que celui-ci ne cesse de tenter pour

(1) *Importation de laines étrangères.*

1820...........	5,000,000 kilogr.
1840...........	13,000,000
1841...........	20,000,000

Qui peut dire le chiffre qu'a atteint l'importation en 1842?

en obtenir de plus décisifs encore, il nous est permis de prendre l'alarme.

On lit dans la statistique commerciale publiée cette année par l'administration des douanes.

« Le relevé du mouvement général du commerce extérieur de la France, divisé en trois périodes de cinq années chacune, pendant les quinze dernières années, présente en faveur de la troisième période comparée aux deux autres une augmentation de 62 p. 100 sur la première, et de 25 p. 100 sur la seconde [2]. »

C'est là une prospérité dont tout bon Français doit se réjouir sincèrement, mais ne serait-il pas temps de s'occuper aussi un peu sérieusement de la prospérité agricole !

Nous ne saurions le dissimuler, toutes les fois que nous entendons parler de traités de commerce avec la Belgique, l'Allemagne, l'Angleterre ; lorsque nous voyons surtout, comme naguère, cette dernière, si pressante dans ses sollicitations à cet égard, loin de ressentir ce mouvement d'orgueil et de satisfaction que nous éprouverions à la pensée du développement commercial de notre pays, et des importants résultats qui devraient s'ensuivre si tous les grands intérêts y étaient également protégés, nous nous demandons avec effroi par quels nouveaux sacrifices l'agriculture représentée l'année dernière comme si indigente par le gouvernement [1], doit payer cette nouvelle faveur accordée à des industries qui déjà, selon lui, sont si opulentes [2].

Singulière situation que la nôtre ! Le gouvernement, les Chambres, les économistes, les hommes d'état, la presse, et la plus grande partie du public, même non agricole, désirent certainement voir prospérer notre agriculture, et cependant l'agriculture les considère tous, ou à peu près, comme ses adversaires. C'est que ni le gouvernement, ni les Chambres, ni les économistes, ni les hommes d'état, ni la presse, ni ce qu'on entend par *le public*, n'ont suffisamment étudié les conditions de sa production.

Beaucoup l'accusent, mais sans lui indiquer les moyens de mieux faire et nous ne leur en faisons pas un reproche ; mais nous leur en adressons un autre, et il est grave. C'est de se refuser obstinément à prêter quelque attention aux moyens que l'agriculture leur indique elle-même ; c'est l'opposition qu'ils ne cessent de mettre à leur application.

Là est le mal réel de la situation.

Comment accueille-t-on les plaintes de nos producteurs de laine, par exemple ? Les pétitions du congrès de Compiègne et des diverses sociétés qui se sont occupées de la question, ont été, il est vrai, renvoyées au ministre par la Chambre des pairs, mais accompagnées d'un avis très défavorable à leurs réclamations, avis qui contient d'ailleurs de grosses erreurs. Quant à la Chambre des députés, elle n'a pas trouvé le temps de prêter l'oreille aux vœux des pétitionnaires.

En même temps le gouvernement déclare par la bouche de M. le ministre de l'agriculture qu'il est embarrassé sur les encouragements à donner aux cultivateurs et que cet embarras a été la source de la création des inspecteurs de l'agriculture, et il ne parait pas se douter encore que les producteurs de laine aient besoin d'encouragement, de secours et de protection ; que s'il ne savait quel genre d'encouragement leur accorder, il n'avait qu'un mot à dire il n'eût pas manqué de voix pour lui répondre :

« Favorisez en premier lieu l'amélioration des races, et le bon conditionnement des laines.

« Et puis, facilitez par des lois sagement protectrices, l'écoulement des laines, et la consommation de la viande de boucherie. »

Par le bon conditionnement nous entendons, le lavage à dos, le nettoiement complet, le triage des diverses qualités, et l'assortiment de ces qualités en fortes parties d'une parfaite homogénéité.

Ces pratiques seules suffiraient pour faciliter la vente des laines qui restent invendues ou sont livrées à vil prix.

Le gouvernement éclairerait en même temps les producteurs sur les qualités les plus demandées par l'industrie manufacturière, sur les quantités mises en œuvre, tant de laines françaises que de laines étrangères, et sur les causes de la préférence que ces dernières obtiennent sur les nôtres : il leur dirait, par exemple, avec M. Darblay, que la supériorité même de celles-ci donne lieu souvent à cette préférence, et que nos fabricants les repoussent, quoiqu'elles aient plus de consistance et produisent un drap plus solide et plus durable, parce qu'elles sont un peu plus difficiles à travailler.

Le gouvernement s'efforcerait, en outre, de remédier à l'isolement des producteurs, à leur dépendance des marchands de laine, au courtage et à la spéculation dont ils sont les victimes, en fondant des foires aux laines semblables à celles qui sont devenues, en Allemagne et en Russie, de si grands centres d'affaires.

Voici le tableau des principales foires à laines :

PRUSSE.	SAXE.	RUSSIE.
Berlin.	Leipzig	
Breslau.	Dresde.	
Stettin.		Riga.
Posen.		
Landsberg.	Weimar.	
Neubrandebourg.		
Scheweidnitz.		
Stralsund.	Dessau (d. d'An-	
Francfort-s.-l'Oder	halt).	POLOGNE.
Strehlau.		
Budigen.		Varsovie.
Ralibor.	Lubeck.	
Brieg.		

Là, le cultivateur traite directement avec le fabricant, et par la comparaison de ses laines avec celles de ses voisins, il reconnaît la supériorité des unes sur les autres, et ne tarde pas à se convaincre que, toutes conditions égales d'ailleurs, les laines qui sont le mieux travaillées sont aussi le mieux vendues.

Un recueil officiel trop peu répandu, intitulé *Bulletin du ministère de l'agriculture et du commerce*, rapporte quelques faits pleins d'utiles et curieux enseignements ; ils indiquent l'influence qu'exercent les améliorations du lavage, du conditionnement, et même de l'emballage des laines sur leur prix de vente, on y lit :

« *Foire aux laines de* BRESLAU. — Les laines étaient toutes *bien lavées*, et se sont vendues avec une hausse de 10 à 15 pour 100 sur les prix de 1840.

« STETTIN. — Il y a eu dans *le lavage* une amélioration qui a amené dans les prix une *hausse de 5 à 10 pour* 100 *sur certaines parties, de* 12 *à* 15 *pour* 100 *sur d'autres.*

« DRESDE. — *Le lavage* se perfectionne de plus en plus en Saxe, notamment dans les bergeries de Koth-Schœnburg, Klipphausen, Maxen, Groditz et Naundorff.

« RIGA. — On a été généralement content du *lavage* des laines, mais non de la manière dont elles avaient été travaillées et emballées; *circonstance qui a obligé les propriétaires à vendre à des prix inférieurs à la qualité de la marchandise.* »

Mais il ne suffit pas, nous l'avons déjà dit, d'encourager les agriculteurs à bien produire, il faut encore les aider à écouler leurs produits; or le gouvernement ne sait que conseiller aux propriétaires de troupeaux de faire de la viande. En leur vendant des béliers anglais, et en les laissant écraser en même temps par la concurrence étrangère, il leur indique que, dans sa pensée, ils ne doivent plus s'attacher à produire de la laine, mais à créer seulement des races propres à la boucherie. Sans doute alors il leur facilitera les moyens de vendre leur viande? Loin de là, il continuera, au contraire, à laisser entrer annuellement en France 140,000 gros moutons allemands équivalant au tiers, en nombre, et environ à la moitié, en poids, de la consommation de Paris, en viande de mouton, et il nous convaincra de plus en plus de sa répugnance à adopter la mesure la plus propre à faciliter la vente de nos animaux gras, celle dont nous nous sommes occupés plus haut, l'établissement du droit au poids à l'entrée des grandes villes.

C'est que, nous le répétons encore, le gouvernement n'est pas plus agricole que les Chambres. Nous ne sommes pas sûrs que la Chambre des députés ait bien compris ou même bien écouté les discours de MM. Dezeimeris, Darblay, Demesmay et d'Angeville, tant la langue agricole lui est étrangère et semble la fatiguer. Si la question chevaline a été bien étudiée et habilement discutée, c'est que, tout agricole qu'elle soit, elle intéresse cependant une classe nombreuse de citoyens qui ne sont nullement agriculteurs, tels que les députés du monde élégant, ceux qui servent ou ont servi dans la cavalerie, les membres du Jockey-club et de la Société d'encouragement, les sport-men enfin qui se sont faits presque tous, dans cette circonstance, les défenseurs de l'agriculture en posant, à l'aide de sages principes et de votes intelligents, les bases de la production des chevaux par le pays.

Nous sommes convaincus, pour notre part, qu'on obtiendra en France 10,000 chevaux, nombre réclamé annuellement par l'armée, le jour où on le voudra, comme on obtient 10,000 mètres de drap, en faisant des commandes régulières, et en les payant bien. Lorsque notre industrie a découvert l'utilité de l'emploi de la garance dans la teinture, nos agriculteurs se sont mis à cultiver la garance, et ont fourni à tous les besoins; ils fourniront tout aussi aisément à l'administration de la guerre, quand elle les lui demandera sérieusement, les chevaux qu'elle trouve le plus difficilement aujourd'hui, c'est-à-dire les 2,500 chevaux qui suffisent annuellement, selon M. le rapporteur de la commission, à la remonte de notre cavalerie légère. A l'exception de cette question, dans laquelle sont engagés des intérêts étrangers à l'agriculture, il est malheureusement démontré que les faits agricoles les plus importants sont peu compris et peu appréciés par la Chambre. Elle l'a trop prouvé par l'indifférence avec laquelle elle a accueilli la proposition de M. le comte d'Angeville, bien qu'elle renfermât en germe toute une révolution agricole. Déjà M. Auguste de Gasparin, dans un très remarquable rapport fait l'année dernière au conseil général d'agriculture, et M. le comte d'Esterno, dans une brochure rédigée avec talent, avaient mis en lumière les bienfaits de l'irrigation et la nécessité pour le pays de mesures législatives qui permissent à l'agriculture de la pratiquer sur une vaste échelle, et de répandre à grands flots sur ses cultures, principalement dans nos départements méridionaux, le plus puissant et le plus économique des engrais, celui que la Providence nous a si libéralement réparti, et dont elle a fait, avec la chaleur vivifiante du soleil, ces deux agents les plus énergiques de la fertilité des terres.

D'après les documents statistiques publiés par le gouvernement, la production annuelle de notre agriculture s'élèverait, en valeur, à près de sept milliards. Ne forme-t-on pas une supposition bien modeste en établissant qu'un large système d'irrigations, en donnant la vie à tout le midi de la France, augmenterait seulement d'un septième, c'est-à-dire d'un milliard notre production nationale? Si l'on calcule ce qu'il en résulterait de force nouvelle et de bien-être pour le pays, d'activité pour le commerce et l'industrie manufacturière, de ressources pour le Trésor, on comprendra difficilement que les grands travaux hydrauliques exécutés sous la domination des Romains et des

Maures, et dont on rencontre à chaque pas les vestiges en parcourant nos provinces du sud, alors les plus riches de la Gaule, n'aient pas encore été repris par la civilisation moderne.

En présence de cette inintelligence de nos grands intérêts agricoles de la part des dépositaires du pouvoir et de la législature, quel rôle nous reste-t-il, à nous agriculteurs? Devons-nous, désespérant de notre cause, renoncer à voir triompher nos idées, et à faire prévaloir nos vues d'améliorations? ou continuerons-nous à fatiguer le gouvernement et les Chambres de nos inutiles réclamations? Non, il y a pour nous autre chose à faire, et le voici : renonçons enfin à obtenir satisfaction, si ce n'est de nous-mêmes. Nous venons souvent discuter dans nos comices les intérêts pratiques de notre industrie; cela est bon, mais il existe pour nous un besoin bien autrement pressant, c'est d'étudier profondément et de défendre énergiquement en commun des intérêts généraux.

Cessons d'user nos forces dans de stériles débats et de nous endormir dans les questions d'un ordre secondaire, occupons-nous des grandes garanties qui nous sont nécessaires, et soyons certains que tout le reste en découlera naturellement, que tout aussitôt la routine sera attaquée dans sa source et que le progrès marchera de lui-même.

Car c'est au progrès qu'on pourrait alors appliquer justement ce mot dont on a tant abusé : *Laissez faire, laissez passer.* Qu'on lui ouvre en effet une large voie; c'est tout ce que nous demandons pour lui, certains qu'il ne manquera pas de s'y précipiter. Attaquons donc de front et ensemble la cause au lieu de ne combattre que l'effet. Entendons-nous et unissons-nous pour réclamer avec l'autorité de la raison, du bon droit et du nombre, les mesures législatives et administratives que nous croyons indispensables au développement de notre industrie; en

un mot, persuadons-nous que toute grande amélioration se résumera désormais pour nous par ces deux mots : *Association agricole.* Organiser cette association sur un plan général et dans de larges proportions, telle est notre première et notre plus grande affaire. Ce sera là, pour notre compte, notre cri de tous les jours, nous ne cesserons de le faire retentir. Entreprenons de faire rayonner nos sociétés d'agriculture et nos comices agricoles vers un centre commun; donnons un cerveau à ce corps immense, c'est-à-dire donnons-lui l'unité de force, l'unité d'action et l'unité de pensée, et nous aurons créé une puissance imposante, mais une puissance pacifique qui ne se proposera pour but que le progrès à l'ombre des lois.

Déjà un essai d'association agricole, mais un essai timide et incomplet, a eu lieu à Compiègne en 1842. Cet essai il faut le féconder, le renouveler, le faire grandir, et le considérer comme le prélude d'un fait considérable et nouveau pour notre agriculture, la discussion en commun de tous les grands intérêts qui s'y rattachent, et la réclamation en commun des institutions et des garanties qui lui sont nécessaires. Nous disons que ce sera là un grand fait pour l'agriculture française. Elle obtiendra enfin l'organe intelligent et fort qui lui a toujours manqué, et pourra ainsi relier en un seul faisceau tous les agriculteurs du pays aussi bien et mieux peut-être que ne le feraient les chambres d'agriculture si universellement et si inutilement réclamées.

Un congrès nouveau s'ouvrira cette année à Senlis (Oise) dans les premiers jours de novembre. Nous ne doutons pas qu'il ne prenne dès l'abord de larges proportions : nous croyons savoir que des motions y seront faites en ce sens.

Qui peut dire si ce ne sera pas pour notre agriculture l'aurore d'une ère nouvelle!

FIN.

Paris. — Imprimerie de L. DUVERGER, rue de Verneuil, n° 4.